AF586602

DE

L'ANALYSE DE LA FORCE,

PAR

Mme LA PRINCESSE EUDOXIE GALITZINE

NÉE ISMAILOW.

Ire.

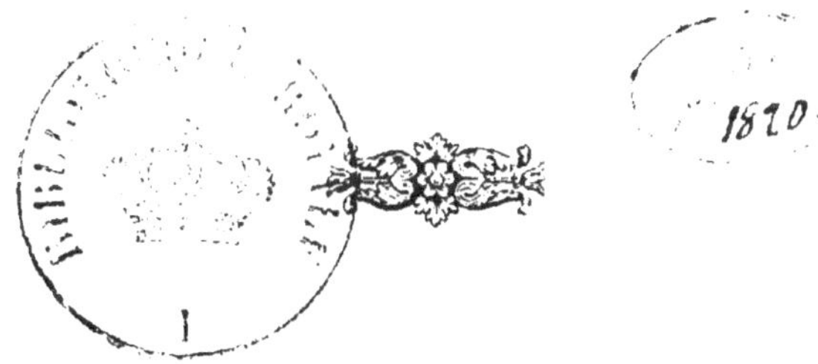

> Ангелъ Господень ополчится окрестъ боящихся его и избавитъ ихъ.

PARIS

IMPRIMERIE DE A. HENRY

8, RUE GIT-LE-CŒUR

—

1845

INTRODUCTION.

Des circonstances imprévues ont motivé la demande que j'ai faite, que des géomètres soient envoyés pour prendre connaissance de l'analyse de la force appliquée aux sciences positives; deux lieutenants-généraux du corps des ponts-et-chaussées, et M. Ostrogradsky, un des plus grands géomètres du siècle, ont été nommés. Dans ce temps, je n'avais que la première idée de ces calculs; le développement a suivi bien après : la troisième partie du premier livre n'a été imprimée à Saint-Pétersbourg qu'en 1843.

Je n'ai jamais rien écrit. Dans cet ouvrage, qui est l'*Analyse de la force, écrit en russe, l'appli-*

cation faite aux sciences positives, est seulement en français, il n'y a pas une pensée scientifique qui n'ait pour principe l'amour de la conservation de tout ce qui constitue la force morale de notre nation. Cet ouvrage, qui est l'expression d'un sentiment si profond, ne peut être publié, vu que ce qui peut flatter l'amour-propre est étranger à un sentiment plus élevé. Je m'exprime particulièrement, dans les conversations que j'ai eues, aussi succintement que possible. En écrivant, j'ai dû nécessairement donner plus d'étendue à plusieurs définitions, rechercher plus d'élégance, sans sacrifier aucune pensée; c'est un surcroît de travail dont je ne suis point capable, vu qu'aucun sentiment ne me porte à le faire. Pendant tant d'années d'occupations, il m'a été impossible de consulter personne; *je n'ai parlé en détail de cette analyse, ni lu quatre à cinq pages de suite en Russie ni à Paris, à qui que ce fût avant de terminer*. Ainsi, on n'a pu porter aucun jugement fondé; il s'agit d'examiner si les calculs proposés sont exacts, et si le principe posé est absolu.

Les première, deuxième et troisième parties ont été imprimées à Saint-Pétersbourg, les première et deuxième réimprimées dès mon arrivée à Paris, en 1844. Revenue de Baden à Paris en 1845, plusieurs épreuves distribuées, d'autres égarées, il a fallu, pour compléter, réimprimer une troisième fois les première et deuxième.

RÉSUMÉ

DES

Ire ET IIe SOIRÉES.

Il est vrai, Messieurs, que je ne connais pas les sciences ; mais il s'agit ici non du calcul, mais de l'esprit du calcul. Je vous ferai observer, Messieurs, que je n'ai d'autre moyen que l'analyse ; je ne songe pas à établir une hypothèse : qu'importe que ce soit une femme ou un enfant, que le langage soit technique ou plus simple, pourvu que l'idée soit juste ou utile. Afin d'éviter des discussions étrangères au sujet à traiter, il faut convenir de quelques bases. Voudriez-vous, Messieurs, me dire ce que l'on entend par une question absurde?

*M. D***. — La quadrature, par exemple.

*La Psse G****. — L'écrit qui m'occupe n'a pas pour but d'obtenir la quadrature, au contraire; il démontre qu'elle ne peut être obtenue; vous accorderez, Messieurs, que le jugement est un principe des sciences. Qu'est-ce qu'on entend par une vérité démontrée?

*M. B***. — Une vérité démontrée, dans les sciences positives, est une conséquence déduite par une suite de raisonnements rigoureux, fondés sur l'axiome ou sur les axiomes servant de bases à ces sciences.

*M. D***. — Un axiome est une vérité sensible, qui n'a pas besoin de démonstration; il suffit de l'énoncer pour qu'elle soit admise.

*La Psse G****. — Quant à moi, je considère qu'il y a des vérités et des axiomes évidents, d'autres qui sont déduits : dire qu'une chose est vraie, n'est pas toujours ce que l'on entend par une vérité; mais une vérité est une chose vraie. A l'égard des nations, il y a des vérités particulières et des vérités absolues. Je considère qu'un axiome, ou une vérité de déduction, est démontrée, si elle reste inaltérable à l'égard de toutes les observations ou de tous les phénomènes qui en dépendent. Une loi de série ou de courbe peut, je crois, donner l'image d'une vérité démontrée ; car c'est une opération finie qui, comme toute vérité, peut s'appliquer, sans s'altérer, à un nombre infini de valeurs ou de termes.

*M. O****. — Si on l'accorde, beaucoup de vérités cesseront d'être.

*M. D***. — A l'avenir, qui me dit que la vérité qui est aujourd'hui sera demain ?

*La Psse G****. — Si une vérité est absolue, des observations inexactes peuvent l'offusquer, mais elle doit reparaître d'autant plus évidente.

*M. B***. — Mettez-vous deux siècles en arrière : on croyait que l'erreur de la nature du vide était une vérité, parce que tous les phénomènes qui étaient expliqués par cette hypothèse s'accordaient avec elle. Dans notre siècle elle est regardée comme ne l'étant point.

*M. D***. — Votre définition, Madame, est vraie

et juste, mais elle ne peut être prise pour une définition mathématique.

*La P^sse G****. — La définition d'une vérité démontrée ne peut pas se rapporter à un problème mathématique; je n'ai jamais entendu parler de cette hypothèse de l'horreur du vide : mais nécessairement des phénomènes vrais, si l'hypothèse est inexacte, n'ont dû s'y rapporter que par de fausses données.

*M. D***. — Cette définition mène droit au scepticisme.

*La P^sse G****. — Elle n'est donc pas juste. Je ne réponds pas, Monsieur, parce que c'est étranger à la question proposée. Voulez-vous me donner un axiome pour exemple ?

*M. B***. — L'axiome, par exemple, qui est la base des mathématiques, est que la ligne droite est le chemin le plus court entre deux points donnés.

*La P^sse G****. — Cet axiome est une admirable définition; cependant, je crois avoir entendu dire qu'une boule parcourait la cycloïde en moins de temps que la droite, ce qui m'a donné l'idée, pour ôter celle du mouvement, de dire *que la ligne droite est l'intervalle de deux points, lesquels, vus en perspective, n'en font qu'un.* L'acceptez-vous, Messieurs?

*M. D***. — Un enfant ne la comprendrait pas; il faut avoir une idée de la perspective.

*La P*sse *G****. — Ce n'est point une objection, Monsieur. Je ne donne pas cette définition pour les enfants; cependant je crois qu'un enfant la comprendrait fort bien, car cette notion sur la perspective est très-simple.

*M. D***. — Changez votre définition, Madame la Princesse, parce que cela n'est pas clair.

*La P*sse *G****. — Elle me paraît bien précise, et changer n'est pas aisé. Voudriez-vous, Monsieur, donner une autre définition?

*M. O*****. — Oui, c'est bien; mais nous devons définir la perspective par la ligne droite.

*M. D***. — Vous prenez le mouvement pour l'espace.

*La P*sse *G****. — On dit: le chemin le plus court; ainsi cela donne l'idée du mouvement.

*M. D***. — Eh bien! on peut dire *espace.*

*La Psse G****. — Je ne crois pas qu'on dise *espace*.

*M. B***. — Ce cas de cycloïde est tout-à-fait étranger à votre définition.

*La Psse G****. — Il me semble qu'il ne l'est point, Monsieur; car un mouvement plus rapide donne l'idée d'un chemin plus court. Je conçois que l'accélération du mouvement d'une boule abandonnée à son poids, doive dépendre de la construction de la courbe; ainsi la ligne droite est toujours l'intervalle le plus court; *la cycloïde m'a seulement donné l'idée de cette définition.*

A la 2e Soirée, M. D** a dit, au sujet de la ligne droite : C'est vrai, c'est juste, c'est bien; mais cela n'est pas une définition : pour la comprendre, il faut savoir bien des choses.

*La Psse G****. —Comprendre que la ligne droite est l'intervalle de deux points, lesquels, vus en perspective, n'en font qu'un, n'exige, il me semble, aucune connaissance.

*M. B***. — Cette définition est très-vraie, mais elle ne peut servir pour la géométrie; le mot perspective n'est pas bien; il vaut mieux dire que, dans une certaine position, les deux points se confondent.

*La Psse G***.*—Dire que deux points n'en font qu'un, précise un cas particulier de la perspective. Je ne puis changer, parce que, à l'égard de l'analyse que j'ai suivie, cette définition est rigoureuse.

Définition admise du calcul différentiel et intégral.

La définition connue du calcul différentiel et intégral est que : le calcul différentiel a pour objet de trouver le rapport de quantités infiniment petites ; le calcul intégral, de trouver la relation du terme de quantités données. Dans le calcul différentiel, on considère (*aujourd'hui*) l'accroissement réduit à des valeurs tellement petites, qu'on peut les considérer comme cessant d'être; *elles sont* (*dit-on*) *absolument rien, le rapport reste*. Si on combine la réduction de l'accroissement à la loi de la courbe, on déduit la tangente. Dans le calcul intégral, si on divise une courbe dans une quantité de petits rectangles, on conçoit qu'en ajoutant les aires de ces rectangles, on a une somme approximative; on obtient à l'infini d'opérations infinies le terme parfait (ces opérations sont les opérations transcendantes). On peut aussi considérer (suivant l'acception qu'on admet) le calcul différentiel comme fini; l'infini se déduit, le calcul intégral comme l'infini; le fini se déduit. M. O**** ramène toute l'importance au calcul intégral, sous le rapport que le calcul différentiel n'admet pas les calculs transcendants.

*La P^{sse} G****. — Je ferai observer que le calcul intégral et différentiel admettant le renversement ou le rapport du fini à l'infini, on peut dire que c'est comme celui de l'un à l'autre de ces calculs. Si on admet l'infini en principe du calcul différentiel, vous accorderez, Messieurs, qu'on peut dire que les opérations transcendantes manifestant l'infini, sont en *principe ou essence du calcul différentiel, et qu'elles sont visibles et développées au calcul intégral*. Il est reconnu que la réduction de l'accroissement combiné de la loi de la courbe, fait subir un mouvement à la sécante; la sécante étant la ligne de l'intervalle d'un point de la courbe à l'autre, *il est exact de dire que le mouvement de la sécante est celui du point de la courbe, et que le mouvement du point indique de combien a varié la position d'un mobile, dont l'axe serait perpendiculaire à l'abscisse;* car il est évident que toute tangente peut déterminer la loi du mouvement d'un mobile; je considère *que la réduction de l'accroissement combiné de la loi de la courbe fait subir un mouvement au point de la courbe, qui est comme engrené par la tangente* (l'infini de la première ère désignant seulement une élévation, et non l'incommensurable infini). *D'après cette analyse à l'infini, les différences résumées ne cessent pas d'être; mais elles sont, ainsi que le rapport conditionnel de la deuxième ère, exprimées par les calculs déduits de l'analyse de la force.*

Il est évident que la tangente est un résultat ou une fonction de la réduction de l'accroissement. *La tangente étant inclinée, la réduction des différences n'est parfaite que pour telle limite;*

ainsi elles doivent, ainsi que le rapport, reparaître sous une autre condition.

*La Psse G***.* — Accordez-vous, Messieurs, cette définition ?

*M. B**.* — Oui, j'y consens.

*M. O****.* — J'y consens; mais la définition est abstraite.

*M. D**.* — Le mot d'engrenage ne peut pas être employé.

*La Psse G***.* — Mais pourquoi? Ce mot d'engrenage exprime que la tangente fixe les limites du mouvement d'un mobile; cette expression me paraît être précise; au reste on peut dire *fixé*.

A la 3e Soirée, M. B** a dit : La tangente glisse sur le point auquel elle est fixée comme par une charnière.

*La Psse G***.* — Est-elle fixée au point ou à un cercle autour du point? Si je l'avais dit, Messieurs, combien avec raison vous auriez trouvé déplacée l'idée de cet ouvrage d'orfèvrerie; cette expression de *charnière* me paraît bien peu exacte.

IIIe SOIRÉE.

*La P^sse G***.* Monsieur Ostrogradsky a fait une observation sur la définition de la ligne droite, à laquelle je crois devoir répondre. Vous avez dit, Monsieur, qu'on doit définir la perspective par la ligne droite.

Je vous ferai observer que la perspective dans l'espace, d'après cette analyse, est suivant une autre loi. Il est reconnu que, dans l'espace, les poids sont égaux; *d'après cette analyse, on peut aussi considérer les distances comme égales, et les différents aspects des corps sur la terre, comme résumés d'unité.* Les corps sur la terre, s'ils ne sont sphériques, présentent des phases différentes; ils sont comme des points, contenant une subdivision ou des parties, qui ne sont pas résumées d'unité; dans l'espace, les corps sont tous sphériques. La combinaison des parties qui composent les corps célestes est plus intime; la différence est en principe; l'unité est visible. En conséquence, le rapport est simple; la ligne droite indique seulement l'intervalle, si le point est plus haut ou plus bas, à droite ou à gauche, d'après la position que l'on occupe, sans faire varier de phases ou d'aspect; ainsi, dans l'espace, toutes les différences étant résumées d'unité, désignent une loi plus élevée.

Il est essentiel de reconnaître que la définition émise ne présente pas l'idée, *que la ligne droite soustraite n'existe pas, mais qu'étant élevée à la loi, elle est en principe* de cette belle image, que la ligne droite est le chemin le plus court entre deux points donnés. Ainsi, la *première définition qui est connue se rapporte aux distances sur la terre; la seconde d'après cette analyse, conformément à la loi de l'espace, est en principe des distances. Elle ramène les distances; donc le dé-*

veloppement a une autre loi, qui est celle de l'espace exprimé par les calculs déduits de l'analyse de la force.

DES DIVISIONS ET DIVERGENCES.

*La P^sse G****. — Toutes les valeurs divisées par deux sont égales ou inégales. Les lignes aussi se divisent en perpendiculaires ou inclinées. Les perpendiculaires ou droites peuvent être considérées comme des valeurs égales; les lignes inclinées comme des valeurs inégales.

*M. B***. — Oui, en divisant en deux parties, toujours les valeurs sont égales ou inégales.

*La P^sse G****. — Toute ligne inclinée à une autre admet un rapport; le rapport établit une différence; toute différence suppose l'intervalle; l'intervalle suppose le mouvement : ainsi, on peut rapporter les lignes perpendiculaires ou droites à des valeurs égales, désignant le repos; les lignes inclinées à des valeurs inégales désignant le mouvement.

*M. D***. — Mais pourquoi cela?

*La Psse G****. — Parce que l'application du principe absolu aux sciences ne peut être faite à des divisions particulières; mais à toutes les sciences on trouve celles de repos et de mouvement, ou celles des différences égales et inégales; ainsi les grandes subdivisions sont les mêmes à toutes les sciences, les particulières y étant comprises se déduisent.

*M. O*****. — J'ai bien à réfléchir.

*La Psse G****. — La première fois qu'on a émis qu'un signe algébrique peut représenter toutes les valeurs, on se sera récrié. *Ces calculs partant du point où les autres se terminent, ont pour but la combinaison des divergences, et le développement suivant une autre loi. Si on parvient à combiner une des divergences, il est rigoureux de reconnaître que toutes peuvent se combiner par d'autres données; ainsi le même signe peut représenter toutes les divergences.* Voulez-vous, Messieurs, l'admettre?

*M D***. — Donnez-nous un exemple.

*La Psse G****. — Le repos et le mouvement sont des divergences; le repos pris comme équilibre, se combine du mouvement de la terre; car la terre dans l'espace étant en suspension est en équilibre. (C'est défini à l'application de l'analyse de la force au mouvement des corps célestes.)

*M. B***. — On peut nommer les divergences des oppositions.

*M. D***. — Vous prenez cette question, Madame la Princesse, dans une acception métaphysique.

*La Psse G****. — Mais le mouvement de la terre n'est pas une idée métaphysique; de cette analyse résultent des questions purement de calcul et nullement de métaphysique.

Il est impossible de nier les divergences; la loi d'inertie s'établit sur le repos et le mouvement; *on peut considérer le repos comme principe, le mouvement comme résultat. Le principe et résultat se combinent de toute divergence ou différences, fini et infini, corps et espaces, unités et développements, et autres.* Ces belles lois de création forment les admirables colonnes du portique dont l'analyse de la force pose la voûte, établissant la division d'ère.

DES DIVISIONS D'ÈRE.

L'analyse de la force a pour base les divisions d'ère. La première ère admet trois divisions : celle des divergences sans la manifestation de l'unité; la seconde division admet la manifestation de l'unité ; la troisième, l'infini en principe de l'unité. A la quatrième division, les divergences élevées à la seconde ère ne cessent d'être, mais sont suivant une autre loi d'ère. C'est de cette condition qui n'est pas connue, que j'ai, Messieurs, à vous entretenir.

(Il me paraît essentiel d'ajouter les divisions qui suivent, et qui forment toute la base de l'analyse de la force. Je n'en ai pas parlé dans ces conversations, évitant d'entrer dans des questions qui ne peuvent être démontrées que par la suite.) *La seconde ère ne désigne encore qu'une évidence plus élevée de la manifestation de la loi ;*

il est nommé, dans la nomenclature des ères, demi-infini. Le premier infini est à la troisième ère. Le premier infini manifeste l'élévation du second et troisième infini, nommé l'indéfini infini; d'après cette analyse, la troisième élévation de l'infini ne peut être figurée ni exprimée par rien, mais doit être déduite comme principe incommensurable de toute force existante. Si, à la première ère, les divergences sont sans la manifestation de l'infini, à la seconde elles sont aussi sans loi.

Si l'on fait l'application de ces divisions au calcul, d'après cette analyse, à la seconde ère *les nombres sont soustraits, restent les lignes; à la troisième ère les lignes sont soustraites, reste la loi; à la quatrième ou second infini, la loi est intégrée au principe de la loi; au troisième infini le principe du principe ne peut être exprimé par rien.*

A l'égard de la physique, à la seconde ère la matière est soustraite, reste le mouvement, c'est-à-dire une matière plus élevée, telle que celle du rayon solaire; à la troisième le mouvement l'est, reste la force, ou une matière encore plus élevée.

telle que le vide. D'après cette analyse, l'ordonnance du système planétaire présente l'image de la loi de l'espace.

IVe SOIRÉE.

*La Psse G****. — Qu'est-ce qu'on entend par l'infini?

*M. B***. — Une condition toujours au-delà de celle qui est visible. On bien c'est la plus petite de toutes les données. Les infinis peuvent être de différents degrés.

*La Psse G****. — D'après l'analyse que j'ai suivie, *l'infini est une élévation; toute élévation désigne une loi (la loi peut se rapporter aux différentes ères de force de création; ou bien, au-dessus de toutes les lois créées, elle est manifestée en tout comme principe incommensurable de force créée).*

Voulez-vous accorder, Messieurs, que l'infini désigne une élévation ou une loi?

*M. O****.* — Oui.

*La P^sse G***.* — On ne peut atteindre l'infini ou le terme parfait.

*M. O****.*—Les valeurs algébriques atteignent le terme parfait.

*La P^sse G***.* —Pour une certaine limite, quelle est la propriété des calculs transcendants?

*M. O****.*— La propriété des opérations transcendantes est celle que les quantités sont approximatives, mais ne peuvent être connues.

*La P^sse G***.* — Ainsi les opérations transcendantes désignent une autre limite.

*M. B**.*—Vous voulez peut-être dire un autre esprit de méthode?

*La P^sse G***.*— Je ne crois pas, mais vous l'appellerez comme vous voudrez. Je vais vous expliquer, Messieurs, ce que j'entends par une autre limite.

*M. B**.*—Vous appelez limite ce que nous appelons esprit de méthode.

*La P^sse G***.* — Supposez une infinité ou un

grand nombre d'opérations algébriques ; elles peuvent être les unes plus composées que les autres; le nombre d'applications n'élève pas le moyen du calcul algébrique. Le calcul différentiel admettant la manifestation de l'infini comme moyen, établit une autre condition sur toute la somme des opérations. *Je considère qu'il y a une différence d'ère, ou une autre ère, si une autre loi s'établit sur toute la somme des opérations. L'analyse de la force dont se déduit le principe absolu, appliqué au calcul, établit une autre loi d'ère.*

*M. O*****. — Oui, la découverte du calcul différentiel et intégral est comme une ère nouvelle dans les sciences.

*La Psse G****. — Admettez-vous, Messieurs, que le calcul peut se perfectionner?

*M. O*****. — Oui, certainement, il y a bien à faire.

*La Psse G****. — Je ne doute nullement qu'on ne puisse augmenter le nombre des applications, mais cela ne peut élever le moyen du calcul.

*M. O*****. — C'est exact.

*La P*sse *G****. — Il s'agit donc de savoir si cette élévation existe, et si elle est manifestée au calcul différentiel et intégral. Comment explique-t-on le problème du calcul différentiel et intégral?

*M. B***. — De différentes manières.

*La P*sse *G****. — De quelle définition celle que j'ai donnée de ce calcul, non du problème, se rapproche-t-elle?

*M. O*****. — Leibnitz, il me semble, est d'accord, Madame, avec votre définition; il admet les quantités infiniment petites.

*La P*sse *G****. — Je crois que Newton ne dit pas que les quantités sont nulles.

*M. O*****. — Newton ne dit pas que les quantités sont nulles, mais infiniment petites; il appelle ce calcul le calcul des fluctions.

*La P*sse *G****. — Cela exprime, je crois, que les quantités sont tellement petites, qu'elles sont inappréciables.

*M. B***. —Euler considère les quantités comme nulles.

*La P*sse *G****. — La définition que je donne a

donc pour base celle de Newton, elle en est le développement. On ne peut nier l'importance de la question, puisque tant de grands géomètres l'ont discutée.

*M. B***. — Non, certainement.

*La Psse G****. — Il était sûrement bien difficile d'établir cette belle lumière que le noble génie de Newton a fait luire ; lui seul admettant l'infini en principe, a établi ce calcul, et lui seul reconnaît l'esprit de ce calcul.

*M. B***. — Cette méthode est ancienne, elle n'est employée qu'en Angleterre.

*La Psse G****. — Il ne s'agit pas, il me semble, de ce qui est ancien ou nouveau, mais de ce qui est juste, ou de ce qui ne l'est pas.

Admettez-vous, Messieurs, que si, au pendule, la force n'est pas inhérente au poids, il y a un intervalle de l'accroissement au décroissement ?

*M. B***. — Madame la Princesse veut dire que si le poids par la force s'élève, le temps du mouvement où il s'élève, et celui où il redescend, n'est pas nul.

*La Psse G****. — Ce n'est pas exactement tout

ce que je veux dire, mais c'est bien une des conditions principales de l'analyse du pendule.

*M. D***. — La vitesse est zéro; le temps de l'accroissement au décroissement d'un astre est zéro, ou bien au thermomètre quand il descend et qu'il remonte.

*M. B***. — Non, au thermomètre, cela ne serait point exact; on ne peut pas comprendre que le corps passe de l'état de repos au mouvement, dans un temps qui est zéro.

*M. D***. — Pour moi, il n'y a pas de temps du décroissement à l'accroissement d'un astre.

*La Psse G****.— Puisque vous ne vous accordez pas, Messieurs, la question n'est pas décidée.

Je ne continuerai pas l'analyse du pendule. Je vais exposer les premier et deuxième calculs.

EXPOSITION SOMMAIRE DES PREMIER ET DEUXIÈME CALCULS.

Il est rigoureux d'admettre qu'on ne peut concevoir un mouvement excessivement prompt, que si deux positions sont dans un temps indivisible ; pour l'obtenir, il faut marquer la valeur présente dans un temps indivisible comme passé, ou déduire la valeur passée aussitôt que la valeur présente est marquée : la valeur passée doublée de la présente dans un temps indivisible, l'est à l'infini ; elle contient un intervalle, mais tellement fin, qu'on ne peut obtenir d'opération d'après les calculs connus pour mieux réduire ; c'est le calcul différentiel de la deuxième ère.

Si on ramène la valeur passée à la loi de la deuxième ère, elle reparait comme simple, moins de la deuxième multiplication.

Le deuxième calcul s'exprime par la série nommée du rayon ou celle de l'angle droit, à la série du rayon, la première valeur étant doublée est celle de deux, l'extraction de l'infini du rapport est ramenée à l'unité en principe de la série.

L'unité de principe du développement désigne la loi qui multiplie à l'infini la ligne de la série; toutes les valeurs se résumant à la loi, encore doublées. Toutes ainsi contiennent la valeur successive et la développent aussitôt que marquée; toutes sont ainsi successives, et toutes les successives sont passées; il s'établit que, par la déduction de l'unité en principe de la série, le développement de la série en cessant d'être, est infini et à l'infini de vitesse; la condition distinctive de ces calculs, est celle que les valeurs présentes doivent être considérées dans un temps indivisible comme passées au premier calcul, successives au deuxième.

La valeur simple pour la deuxième ère, doublée pour la première, telle que deux égale un, ne peut être simple et doublée que ramenée à deux ères différentes.

Il est dit à l'analyse ramenée aux formes du calcul, que la valeur passée doublée, s'exprime si, au moment que le mobile décrit une courbe, l'axe de la courbe a subi un léger mouvement de rotation. C'est expliqué dans la troisième partie.

*M. O****.* — Je demande du temps; cela exige beaucoup de méditation.

Ve SOIREE.

DÉFINITION DU PROBLÈME DIFFÉRENTIEL DÉDUIT DES OPÉRATIONS TRANSCENDANTES.

*La Psse G***.* — Il est essentiel, il me semble, de déterminer le problème du calcul différentiel et intégral.

*M. B**.* — Aujourd'hui on le considère sous un autre point de vue.

*La Psse G***.* — Mais je n'entre pas dans la question des opinions. Le calcul différentiel et intégral propose-t-il un problème, et quel est-il ?

*M. B**.* — On peut dire, en termes généraux, que le calcul intégral se propose de trouver des expressions rigoureuses et simples, de certaines grandeurs qu'on ne peut obtenir jusqu'à présent que par des expressions composées d'un nombre infini.

*La Psse G***.* — On ne peut pas dire, il me semble, *qu'on ne peut obtenir que par des expressions composées; car cela suppose qu'on obtient, et un nombre infini ne s'obtient pas.*

*M. O****.* — La véritable somme infinie est composée d'une infinité de termes.

*M. B**.* — Elle ne peut être exprimée.

*La Psse G***.* — *Cela n'est pas la définition du problème différentiel.* Je ne sais si elle est donnée; je vais chercher à déterminer cette question. Avant, il est essentiel de définir les opérations transcendantes. Vous tenez la plume; voulez-vous écrire l'exacte définition qu'a donnée *M. O*****, celle que les quantités sont approximatives, ainsi ne peuvent être connues; ou écrivez comme vous voulez.

*M. D**.* — La propriété caractéristique des opérations transcendantes, consiste en ce que les valeurs ne peuvent être exprimées exactement en quantités algébriques.

*La Psse G***.* — Je puis prendre celle de *M. O***** pour base, elle est plus absolue. Tout calcul résout les problèmes, mais aucun n'en propose ; aux opérations transcendantes, la solution est d'autant mieux donnée que le développement est plus étendu, mais elle n'est jamais qu'approximative ; ainsi *le perfectionnement sans terme, ou l'infini d'élévation, est le problème proposé.*

*M. D**.* — Perfectionnement, parfait, sont des mots qui ne se comprennent pas.

*La Psse G***.* — Si j'avais même proposé des mots nouveaux, vous auriez dû, Messieurs, les accorder ; encore moins peut-on contester l'acception de ceux que j'admets tels qu'ils sont reçus. Qu'est-ce qu'on entend par la quadrature ?

*M. D**.* — Chercher la quadrature d'une courbe, rapporter à des axes le nombre, c'est chercher l'unité de surface que renferme l'espace compris entre cette courbe et les axes auxquels elle se rapporte; il en est de même de la quadrature de l'aire inscrite entre les deux points de la courbe. La quadrature est une intégrale.

*La Psse G***.* — C'est la même condition que le terme parfait des opérations transcendantes.

*M. D**.* — Ainsi, Madame la Princesse, le but des opérations transcendantes serait la quadrature.

*La Psse G***.* — Je n'ai pas dit, Monsieur, que ce soit là le but; mais je crois que c'est la même condition, celle du terme parfait.

*M. O****.* — C'est juste.

A la troisième soirée il a été dit, sur les opérations transcendantes, ce qui suit :

*La Psse G***.* — *Je considère que les opérations transcendantes ont pour propriété de déduire les grandeurs par le renversement, c'est-à-dire par la réduction.*

*M. B**.* — Le mot de propriété peut être changé.

*La Psse G***.* — Non, Messieurs, il ne peut l'être; car c'est non-seulement une propriété, mais c'est la seule qui distingue les opérations transcendantes.

*M. D**.* — Mais elle s'occupe des grandeurs.

*La Psse G****. — Oui, mais par renversement.

*M. B***. — Ce calcul ne s'occupe que des grandeurs.

*La Psse G****. — Cependant, il est bien évident que la réduction est un renversement de l'accroissement.

*M. D***. — Il faut ajouter : réduction de séries.

*La Psse G****. — Je crois qu'on réduit les séries ou les valeurs par les séries. *Tous les calculs ont pour objet les grandeurs; ce calcul s'occupe de la réduction, ainsi il s'occupe du principe des grandeurs dont il les déduit.*

*M. O***** a donné une démonstration en termes mathématiques, à laquelle ces Messieurs n'ont pas répondu.

*La Psse G****. — Voulez-vous accorder, Messieurs, que toutes les fois qu'il y a le rapport du fini à l'infini, ou l'imperfection manifestant un perfectionnement sans terme, cette condition, soit au mouvement, soit à l'espace, est celle des opérations transcendantes?

*M. O*****. — Oui, c'est la même.

DÉFINITION ET SOLUTION DU PROBLÈME DIFFÉRENTIEL.

*La Psse G***.* — Il doit être reconnu que le problème différentiel est celui de l'infini, et que celui de l'infini est celui du temps; mais, Messieurs, comme vous n'avez pas donné la définition du problème différentiel, cela me fait croire que ce problème, ainsi que celui du temps, n'est pas posé. Il est essentiel de déterminer en quoi consiste le problème différentiel, pour obtenir les termes qui en constituent la solution. Vous accorderez, Messieurs, *que les différences au calcul différentiel peuvent être considérées comme des poids différents; les poids sont au levier combiné de dimensions, comme au pendule de la force, tant plus que moins valeur égale en principe. L'oscillation du poids au pendule exprime le mouvement dans un intervalle; le mouvement dans un intervalle peut se rapporter à deux points de l'espace; le repos à un point. Supposez la transition du poids ou le mouvement au pendule tellement prompt, qu'il ne puisse être apprécié : le mouvement est ainsi égal* *au repos, sans cesser d'être; le mouvement égal au repos est comme un égale deux, sans cesser d'être différent; un égale deux peut se rapporter au principe et résultat, et à toutes divergences, repos et mouvement, unité et développement, et autres. Ainsi, les divergences combinées sans que la différence cesse d'être, constituent la question du problème différentiel. La solution est obtenue par les deux divisions qui suivent, et qui se combinent des deux divisions d'ères; en conséquence, la question du problème différentiel se combine de celle de l'analyse de la force.*

Première division : supposez que l'on fasse un pas dans une seconde; si l'on en fait deux, c'est une unité de mesure doublée de vitesse. On peut aussi diviser le temps, dire qu'un pas est fait dans une ou une demi-seconde, un pas étant égal à deux de moindre dimension; en conséquence, on peut concevoir qu'un est égal deux, ou qu'un se combine de deux, si l'unité de mesure ou si la dimension a varié : c'est la première division qui se rapporte, si on déduit l'infini en principe du rapport, à la troisième division de la première ère.

La deuxième division du problème différentiel, qui se rapporte à la quatrième du principe absolu, d'après l'analyse de la force, est celle de la combinaison d'une ère à l'autre. Le résultat de la première est à l'infini par le renversement au principe de la deuxième ère (principe est ici pris dans l'acception de commencement), *moins l'infini du résultat de la deuxième ère; il se déduit que la valeur doublée du résultat de la première, ramené au principe de la deuxième ère, n'est pas celle de l'entier ou de l'infini de deux ères, mais telle que somme de principe et résultat, ou telle que l'infini de la première ou de l'ère passée, égale au fini ou au principe, moins l'infini du résultat de la deuxième ère* (fini est dans l'acception de partie). *Ainsi, le rapport de la première à la deuxième ère est comme deux égale un, ou un égale demi : en conséquence, à la première division, on peut concevoir deux égale un, si l'unité de mesure a varié; à la deuxième division, à l'infini d'unité de mesure si l'ère a varié.* On doit reconnaître *que si l'infini de la première se combine du fini de la deuxième ère, ou la somme de partie, le mouvement ne cesse pas d'é-*

tre, mais qu'il est conformément à la définition qui a été acceptée du calcul différentiel, suivant une loi plus élevée, qui est celle des calculs de la deuxième ère; ainsi, ces calculs donnent la démonstration de la deuxième division du problème différentiel.

D'après cette analyse, la troisième ère désigne le premier infini; le premier infini, par la différence infinie de la seconde à la troisième ère, manifeste seulement l'indéfinissable élévation du troisième infini, mais ne s'y rapporte pas.

A la troisième ère, un égale deux est combiné sans la donnée des ères, par une donnée qui se déduit, mais qui n'est pas visible.

A la quatrième ère, la donnée est supposée. A la cinquième ou au troisième infini, l'élévation de la donnée est incommensurable. Il est rigoureux d'admettre que l'incompréhensible élévation de la loi est manifestée par toute la création, vu que toute la création, conditionnelle à la loi, est indéfinissable en principe, et que la loi à l'infini au-dessus de toutes forces créées, doit être déduite sans être définie; car on doit reconnaître que la seule immense définition qui puisse être donnée de l'incommensurable élévation de la loi, est la non-solution. La quadrature, comme tout terme parfait, est insoluble.

Craignant d'entrer dans une analyse trop prolongée, je n'étends pas celle de la loi du rapport de chacune de ces divisions, et évitant aussi d'émettre une condition qui ne se rapporte pas au calcul, je ne pose pas la question, en quoi consiste le problème du temps? lequel, cependant, est le complément du problème différentiel.

Il est tard; vous voudrez bien, Messieurs, prendre la peine de venir encore; je chercherai à mieux énoncer ce premier et deuxième calcul.

VIe ET VIIe SOIRÉES.

APPLICATION DES TROIS DIVISIONS DE LA PREMIÈRE ÈRE AUX VALEURS.

*La Psse G****. — Supposez l'intervalle de deux lignes parallèles divisé par une ligne, la ligne à l'intervalle peut aussi se diviser; l'intervalle reparaît. L'intervalle pris comme rapport en principe de la différence, manifeste l'unité, et en principe de l'unité se déduit la différence; l'un est inhérent à l'autre.

Si l'on mesure quoi que ce soit, il y a un intervalle entre l'objet et la mesure, comme entre deux surfaces : s'il y a un intervalle plus ou moins de l'objet mesuré, la mesure n'est pas rigoureuse. De même, tout corps étant dans l'espace ne peut être parfaitement déduit, est moins ou plus d'une quantité de l'espace, ce qui désigne une certaine imperfection d'appréciation.

*M. D***. — Je ne vois pas qu'il y ait le moindre intervalle entre un plan tangent et un point de la courbe.

*La Psse G****. — Il est sûrement un intervalle *si le plan n'est pas combiné du point ;* or, ces quantités qui manquent à toutes les unités de mesures sont toutes égales.

*M. B***. — Non, elles ne sont pas égales.

*La Psse G****. — Mais quand elles sont inégales elles entrent dans la catégorie des valeurs connues ; la quantité qui manque reparaît aussi à ces petites quantités ; c'est la distinction que je voulais faire. Il s'établit, *que la première division est celle des valeurs connues ; la seconde est celle des valeurs infiniment petites, qui reparaissent comme des valeurs connues : on peut les considérer comme les infiniment petites quantités* *de Leibnitz. La troisième division est la valeur infiniment petite, qui est celle de l'infiniment petite quantité de l'espace, qui manque à toutes les valeurs ; elle ne peut être désignée ; c'est celle que je considère comme la valeur-loi, vu qu'elle est à toutes les valeurs égale à l'infini ; et à toutes, désigne l'imperfection. On peut considérer ces quantités que je nomme les valeurs-loi, comme les quantités infiniment petites, ou accroissements désignés par Newton, qui ne peuvent être précisées. Les petites quantités appréciables se rapportent à la limite des opérations transcendantes, les quantités nommées loi à la limite des calculs nommés de la seconde ère.*

(: *La loi qui constitue les calculs déduits de l'analyse de la force, est celle de marquer la valeur présente comme passée, dans un temps indivisible, ou, conformément à la propriété des opérations transcendantes, marquer par le développement la réduction : ainsi, il s'établit que la propriété des opérations transcendantes à l'infini manifeste la loi de ces calculs.* :)

A l'égard du mouvement des corps célestes, le

calcul ne peut s'élever à une appréciation rigoureuse, quel que soit l'accroissement de vitesse ou le perfectionnement d'instruments.

*M. O*****. — Les calculs peuvent presque atteindre le terme parfait.

*La Psse G****. — Presque est une différence totale.

*M. B***. — Nous obtenons, en fait d'évaluation mathématique, toute l'exactitude qu'il est donné à l'intelligence humaine d'acquérir.

*La Psse G****. — Ce qui est très-exact pour une limite, peut cesser de l'être pour une limite plus élevée.

On peut admettre que, pour la limite des mouvements de la terre, le terme obtenu est parfait. Mais il importe de reconnaître l'imperfection, et que cette imperfection désigne une loi plus élevée, qui est celle du mouvement des corps dans l'espace, exprimée par ces nouveaux calculs. Ces calculs appliqués au mouvement, donnent un perfectionnement ; dès que l'étoile paraît, elle est déjà passée. Pour exprimer que deux positions sont dans un même temps, la loi qui constitue le premier calcul établit que la valeur présente doit être considérée comme passée dans un temps indivisible ; ainsi, au moment où l'on marque la valeur présente, on déduit la valeur passée. La valeur passée doublée dans un temps indivisible, est à l'infini, ou élevée à la loi de la première ère ramenée à la seconde ère ou au second calcul, la première valeur étant doublée est celle de deux ; l'extraction de l'intervalle infiniment fin ou celle de l'infini du rapport, ramené à l'unité en principe de la série, double la série. Ainsi, toutes les valeurs se résumant à la loi, sont encore doublées; en conséquence, toutes contiennent la successive et la développent aussitôt que marquée ; ce qui donne le moyen de suivre une vitesse infiniment grande, comme celle de l'étincelle électrique.

Si on admet que les valeurs présentes sont passées dans un temps indivisible, la combinaison est la plus parfaite possible.

La loi de l'ère ayant varié, ce n'est plus l'intégration de telle valeur appréciable ; mais à chaque terme à l'infini de valeur, c'est celle du temps, élevée à la loi; cette condition rapportée au rayon.

*M. B**.* — La valeur doublée au rayon suppose un courant.

*La Psse G***.* — On ne peut pas admettre le mot de courant, la différence étant presque inappréciable. Mais si on admet *la valeur doublée (qui est celle des deux forces) inhérente au rayon, une des lois qui dérive de cette condition est le rapport de la terre au soleil; il en résulte la mutation des corps au centre de la terre, soumise à une loi constante combinée de celle du mouvement de la terre dans l'espace; nécessairement, les corps plus légers gravitent à la surface; ainsi, des lois nouvelles et rigoureuses de la géologie se déduisent, par lesquelles* les phénomènes de la géologie s'expliqueront suivant les lois connues, qui, loin d'être détruites, forment la base de ces calculs qui les élèvent. On ne se permettra plus de tracer les cartes diluviennes, et il ne sera plus essentiel de recourir à des hypothèses comme celles de plusieurs déluges, qui renversent les lois admises. Par l'application de l'analyse de la force à l'espace, *il se déduit que l'unité en principe de la série du rayon, désigne le mouvement en somme de l'espace, et se combine du vide en principe du soleil : le vide, dans cette analyse, nommé le jour en essence, est une matière plus élevée qui a des propriétés plus étendues.*

*M. O*****.— Déjà on connaît l'éther.

*La Psse G****.— Tant mieux! il sera plus aisé de démontrer que le vide est comme la graine du jour.

*M. O*****. — Ce calcul est-il établi?

*La Psse G****. — Ces calculs se déduisent de l'analyse; je pourrais, je crois, les rapporter aux formes du calcul. C'est l'application qui vous appartient, Messieurs, qui exige une grande force de conception; l'idée en est simple, mais le développement infiniment étendu : ce calcul n'est pas celui des variations.

*M. O*****. — Je conçois que c'est un calcul différent; comment, Madame la Princesse, le nommez-vous?

*La Psse G****. — L'ouvrage, qui est en russe, est nommé l'Analyse de la Force; le premier de ces calculs est nommé, comme je l'ai dit, le différentiel de la deuxième ère, ou le calcul d'harmonie ; le deuxième est nommé celui des forces ; le troisième est l'intégral de la deuxième ère, ou celui des *harmonies*.

*M. B***. — Je désire que madame la Princesse mette par écrit l'idée principale, j'y apporterai toute l'attention dont je suis capable, et j'aurai l'honneur de lui soumettre mon opinion.

*La Psse G****.—Je mettrai, Monsieur, par écrit ce que j'ai dit, et vous le ferai parvenir.

La troisième partie du premier livre contient l'analyse dont se déduisent ces calculs, et l'application de l'analyse aux termes du calcul.

FIN DE LA PREMIÈRE PARTIE.

www.ingramcontent.com/pod-product-compliance
Lightning Source LLC
LaVergne TN
LVHW012010160826
845678LV00002B/747

* 9 7 8 2 3 2 9 6 7 0 7 8 2 *